U0364413

|创意钩编|

大字版

岳菲花 / 编著

中国中福会出版社

创造人生的至美境界（总序）

赵丽宏

　　这套书，凝聚着编者的美好创意和良苦用心。我浏览这套书的内容时，既喜悦，也感动。

　　这套书，可以送给我们的爸爸妈妈，让他们有机会阅读编者精心选择的美好诗文。诗歌、散文、小说、书信、演讲，都是百里挑一的精湛文字，有真情，有智慧，也有人间的至理名言。这些文字，年轻的爸爸妈妈未必读过，那就先自己细细阅读，用心感受。如果曾经读过，也不妨静心重温。这些文字，不仅你们自己可读，更可以用来陪伴你们的儿女，让他们一起来欣赏辽阔绮丽的文学天地，一起来游历用文字构筑的真善美的世界。读这样的书，可以让年轻的父母变得更优雅，也可以引导正在成长的儿女一起步入文明的殿堂。亲子阅读，是人生的至美境界。培养孩子从小亲近美好的文字，通过阅读让心灵成长，这当然是送给年轻父母的最好礼物。

这套书，年轻的爸爸妈妈也可以用来孝敬自己的父母。父母老了，需要晚辈的关心，他们的晚年，不应该被孤独和病痛笼罩。相信很多老人会喜欢这些书，书中的文字，既方便他们阅读，也可以为夕阳斜照的花园提供丰富多彩的营养和欢悦。书中有养花的经验，有书法的入门，有手工编织的教程，还有保健的知识、养生的方法。这是为中老年人编的书，是为金色年华提供情趣、欢乐和健康的书。这些书，不仅老人可读，也可三代人一起品读，一起议论，一起实践，一起感受生活之美。我想，这样的读书时光，可以为人间的天伦之乐作最生动的注脚。

　　用这样的书作为礼物，送给父母，送给儿女，传递的是文雅的风尚，是生活的情调，是人间的关爱，是任何力量也无法割断的亲情。

　　在欣赏这套书时，我情不自禁地想起了很多年前我写的一首赞美人间好书的诗，其中有这样的诗句：

　　　　我用目光默默地凝视你们
　　　　我用思想轻轻地抚摸你们
　　　　我用心灵静静地倾听你们

我的生命因你们的存在而辉煌

我的生活因你们的介入而多姿

岁月的风沙可以掩埋我的身骨

却永远无法泯灭你们辐射在人间的

美丽精神

　　这是一套可以在人间辐射美丽精神的书。这样的书，有创意，有爱意，有实用价值，既能抚慰心灵，提升精神，也能滋润生活，改善人生。我郑重地向读者推荐这套书，为天下的父母，也为人间的儿女。

2016 年初春于四步斋

前　言

岳菲花

　　人的一生由不同的阶段组成，嗷嗷待哺的婴儿期，无忧无虑的少年期，朝气蓬勃的青年期，成熟自信的壮年期，淡定从容的老年期。不同的阶段有不同的生活内容，有不同的人生乐趣。

　　辛苦忙碌了大半辈子的妈妈们退休回家了，离开了相处几十年的同事，放下了已经熟稔于心的工作，时间一下子多起来，状态一下子松懈下来。似乎，退休之后生活"空"了，"闲"了，其实不然。

　　有了大把属于自己支配的时间，妈妈们可以做以前想做但没时间做的事情，培养自己的兴趣、爱好，练书法、学唱歌、摄影、旅游……都是不错的选择。心灵手巧、喜欢动手操作的妈妈们可以选择创意钩编。

　　钩编的过程中，动手又动脑，可以灵活手指，活动大脑，有益健康，怡养性情。钩编不同的作品，选线、配色、设计图案……调配出自己喜欢的色彩，DIY 出自己满意的作品。一辈子专注工作的妈妈，一定会豁然发现，原来生活中有这么丰富的色彩，自己还有如此新颖、独特的创意。生活因此更加丰富、充实、快乐起来。

午后，阳光暖暖，沏一杯清茶，执一枚钩针、一团彩线……在一针一线的世界里，专注、静心、惬意，犹如沐浴阳光，品茗香茶。生活因此慢下来，静下来，从容起来。

"赠人玫瑰，手留余香。"将自己亲自钩编的精美作品送给亲朋好友，送出一份爱心、一份祝福，收获永远温暖的亲情、友情。

这是一份送给妈妈的最好的礼物。希望此书的基础讲解与作品示范，让妈妈们认识并喜欢上钩编，并钩编出更有创意、独具个性的作品。愿妈妈们如自己巧手钩编的作品一样，美丽、精致，愿妈妈们的生活如五彩线一样，丰富、温馨，愿妈妈们的心情像春日的阳光一样，恬静、明媚。

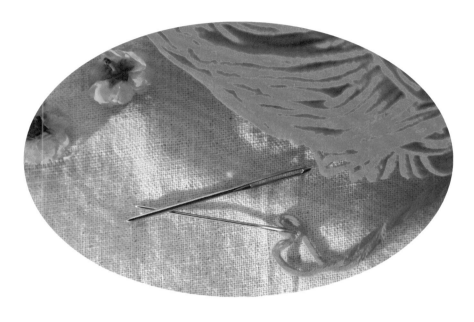

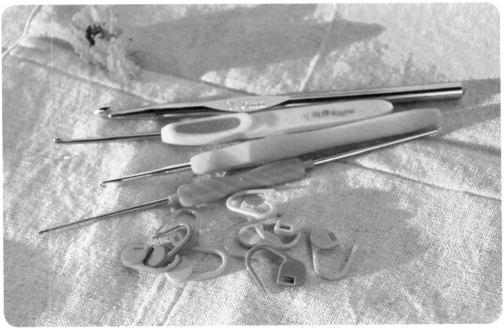

目　录

赏心悦目篇

实用操作篇

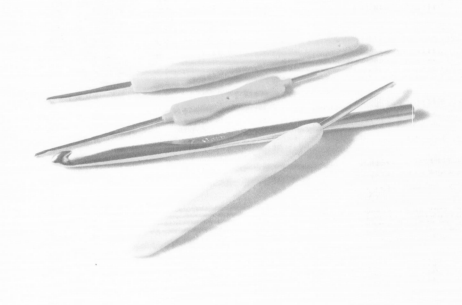

基础知识篇

最简单、最基础的，也是最重
要的。认识工具，掌握方法，
打好基础，在针与线的世界
里，你的创意无限。

钩编工具与材料

俗话说"工欲善其事，必先利其器"。要想钩编出精美的作品，我们一定要根据线的粗细，选择合适的钩编工具。通过图示，我们先来认识与初步了解本书中将要用到的一些主要钩编工具与材料。

1. 钩针。钩针的粗细以号数来区别，号码越大，钩针越粗。（图1-1）

2. 缝针。缝针与普通的缝衣针形状大致相同，只是粗细、长短、针眼有所变化。（图1-2）

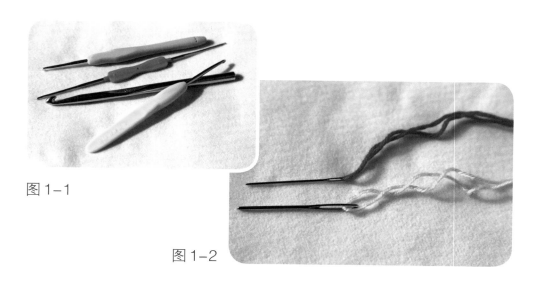

图1-1

图1-2

2

3. 棒针。棒针是最常见的编织工具，棒针的粗细也是以号数来区分的。（图1-3）

4. 记号扣。记号扣就是在钩编过程中用来做记号的。现在有专门设计的记号扣，如下图所示。如果在钩编的过程中，我们手边没有这样的记号扣，可以选择小别针、小发卡、曲别针等来代替。（图1-4）

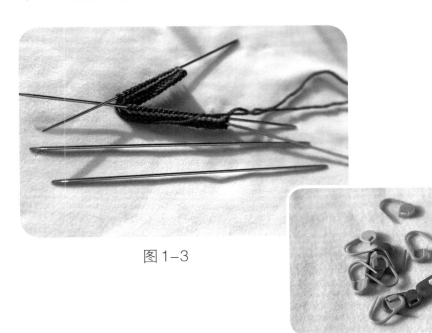

图1-3

图1-4

5. 线。用来做钩编的线有很多种，以材质分类，有丝线（带）（图1-5）、毛线（图1-6）、棉线（图1-7、1-8）等，线的粗细各有不同。钩编的作品不同，所选择的线的材质和粗细就不同。一般来说，线越粗，选择的钩针或者棒针就越粗。

3

图 1-5 | 图 1-6

图 1-7

图 1-8

持针与挂线

　　一般右手拿针，左手持线。右手大拇指与食指轻轻地握住针，中指轻轻地抵住针的前端。将线挂在左手食指上，跨过中指与无名指内侧，然后在小指上绕一圈。食指立着，便于控制线的松紧。（图2-1、2-2）

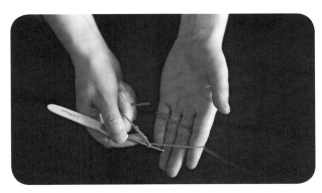

图2-1

图2-2

起针

　　钩编前，首先要起针。本书中用到的起针方法有两种，一种是辫子针起针法（图3-1、3-2），一种是圆形起针法。辫子针起针可以用钩针钩，也可以用手直接打一个活结。计算针数时，最初的起针是不算1针的。圆形起针可直接

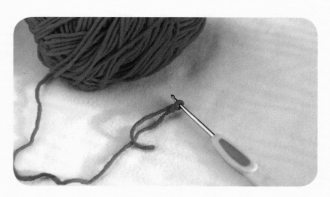

图3-1

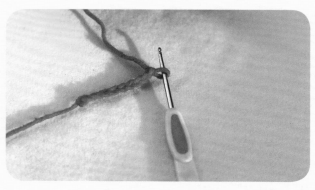

图3-2

打松松的圈（图3-3、3-4），也可以钩一个适当针数的辫子针，然后首尾相连成一个圈（图3-5、3-6）。

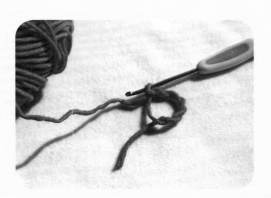

图3-3

图3-4

图3-5

图3-6

基本针的钩法

1. 辫子针：起针后，将线挂在钩针上，直接引出。这样的针叫辫子针，每一个针眼为一针，是钩编最基本的针法。(图4-1、4-2)

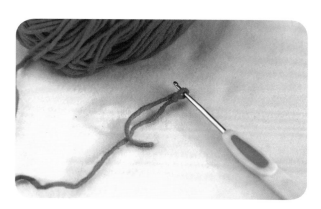

图4-1

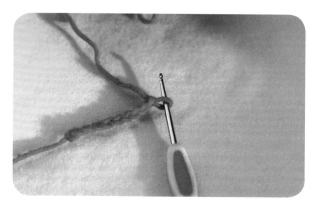

图4-2

2. 立针：钩编时，每一行开始都要钩一个立针，立针的针数与每种针法的高度有关。短针的立针高度为1针辫子针（图4-3），中长针的立针高度为2针辫子针（图4-4），长针的立针高度为3针辫子针（图4-5），长长针的立针高度为4针辫子针（图4-6）。

图4-3

图4-4

图4-5

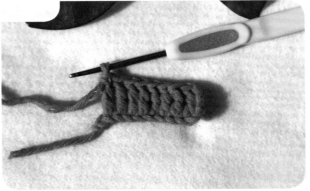

图4-6

图 4-7

图 4-8

图 4-9

图 4-10

立针的辫子针到底算不算1针，依据针法的高度有所不同，中长针以上立针的辫子针算1针，短针的辫子针因为太小，不算一针。立针算1针时，要钩出一针立针的台，也就是钩1个辫子针；短针的立针不算1针，也就不需要钩出立针的台。

3. 短针：短针是所有的针法中最矮的针。将钩针从外向里穿过，挂线，钩出，这时，钩针上有2根线；再挂线，从两根线中钩出（图4-7、4-8、4-9、4-10）。

钩织时，短针的立针为1针辫子针，不计数，从第一针直接钩起。第一行的钩编方法有两种，一种是从辫子针的半针挑针，这种方法比较容易掌握；另一种是从辫子针的里山挑针，为的是不破坏辫子针的形状。具体挑法后面会示范讲解。

4. 中长针：将线挂在针上，将钩针从外向里穿过，挂线，钩出，这时，钩针上有3根线。再挂线，从3根线中钩出。

中长针的高度是短针的2倍。钩新的一行时，中长针的起立针为2针辫子针，起立针算当行的第1针，第2针开始钩中长针。当然不要忘记钩1针立针辫子针台。（图4-11、4-12、4-13、4-14）

5. 长针：长针的高度是短针的3倍。将线挂在针上，将钩针从外向里穿过，挂线，钩出，这时钩针上有3根线；再挂线，从前2根线钩出；再挂线，从2根线钩出。

长针的高度是短针的3倍。钩新的一行时，长针的起立针为3针辫子针，起立针算当行的第1针，第2针开始钩长

图4-11

图4-12

图4-13

图4-14

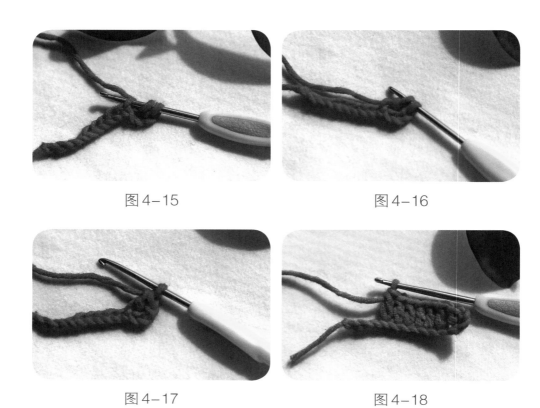

图 4-15

图 4-16

图 4-17

图 4-18

针，当然不要忘记钩1针立针辫子针台。（图4-15、4-16、4-17、4-18）

6. 长长针：长长针的高度是短针的4倍。在钩针上绕两圈，将钩针从外向里穿过，挂线，钩出，这时钩针上有4根线；挂线，从前2根线钩出，这时针上有3根线；再挂线，从前2根线钩出，这时针上有2根线；再挂线，从2根线钩出。

长长针的高度是短针的4倍。钩新的一行时，长长针的起立针为4针，起立针算当行的第1针，第2针开始钩长针，当然不要忘记钩1针立针辫子针台。（图4-19、4-20、4-21、4-22、4-23、4-24）

图 4-19

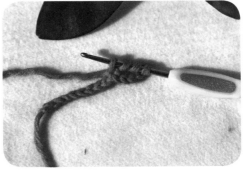

图 4-20

图 4-21

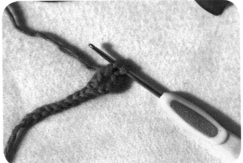

图 4-22

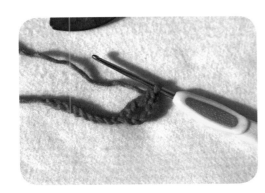

图 4-23

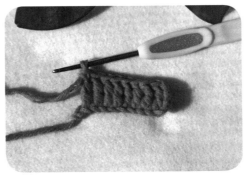

图 4-24

7. 短针的减针（两针并一针）：先钩短针的第一步：穿针、挂线、钩出，这时钩针上有2根线；在下一个针目里重复这一步，这时钩针上有3根线；再挂线，从3根线中钩出。（图4-25、4-26、4-27、4-28）

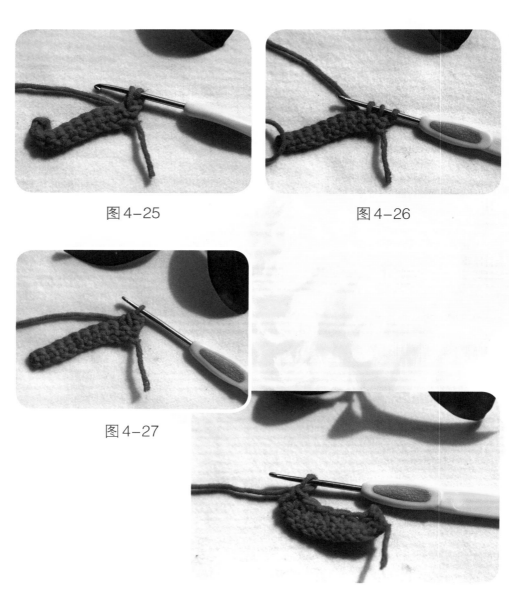

图4-25   图4-26

图4-27

图4-28

8. 中长针的减针（两针并一针）：先钩中长针的第一步，这时钩针上有3根线；在下一个针目里直接穿针，挂线，钩出，这时钩针上有4根线；挂线，从4根线中钩出。（图4-29、4-30、4-31、4-32）

图4-29

图4-30

图4-31

图4-32

9. 长针的减针（两针并一针）：先钩长针前两步，在下一个针目里重复，这时钩针上有3根线，挂线，从3根线中钩出。（图4-33、4-34、4-35、4-36）

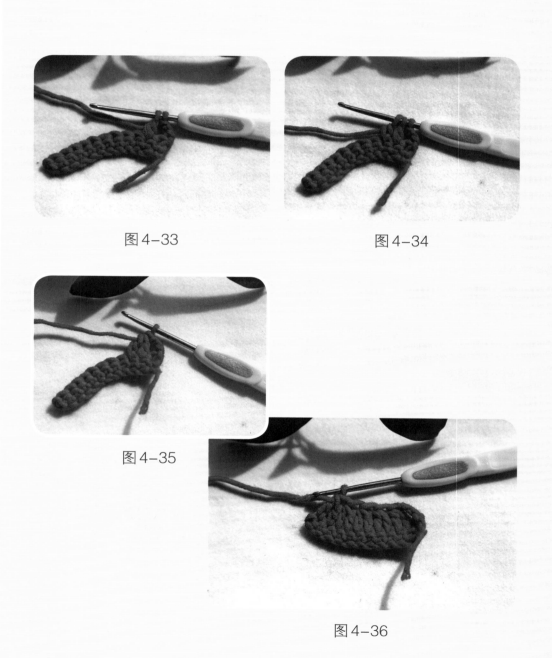

图4-33

图4-34

图4-35

图4-36

10. 长针的枣形针（两针长针的枣形针）：先钩一个未完成的长针，即在针上挂线，穿针，钩出，再挂线，从前2根线钩出；在同一个针目里重复上一步，这时针上有3根线，挂线，钩出，形成一个2针长针的枣形针。（图4-37、4-38、4-39、4-40）

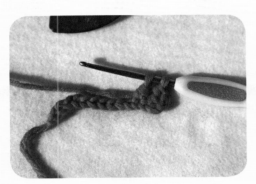

图4-37

图4-38

图4-39

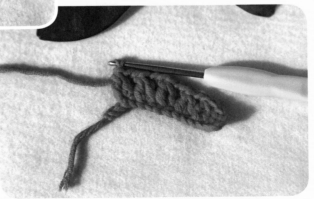

图4-40

（三针长针的枣形针）：重复钩3个未完成的长针，这时钩针上有4根线，然后挂线钩出即可。（图4—41、4—42）

同一针目里两个长针的枣形针：在同一个针目里钩两个枣形针，两个枣形针中间钩1个或2个辫子针，长针的数量根据需要而定。（图4—43、4—44、4—45、4—46）

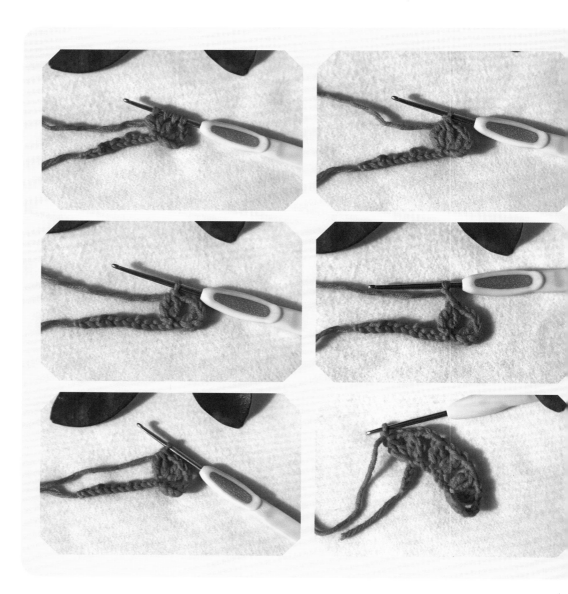

11. 引拔针：一圈钩完，首尾相连的一针。挑针，挂线，直接钩出。（图4-47、4-48）

12. 加针：从一个针目里钩出2针或多针。（图4-49、4-50）

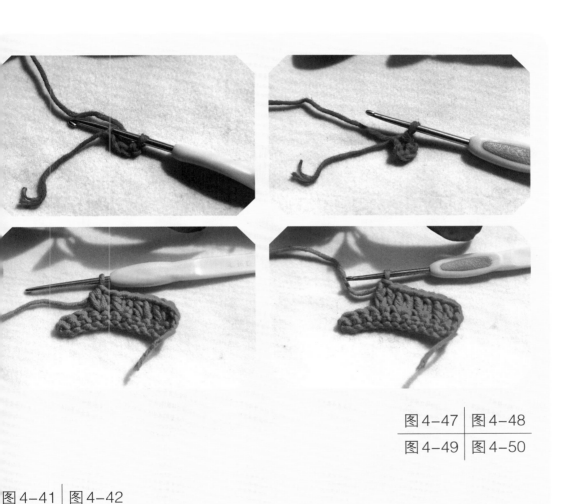

图4-47	图4-48
图4-49	图4-50

图4-41	图4-42
图4-43	图4-44
图4-45	图4-46

13. 辫子针的挑针方法

1. 由辫子针半针的挑针方法：由辫子针正面的上半针挑1根线，此方法对初学者容易理解，缺点是起针容易变长。（图4-51、4-52）

2. 由辫子针的里山挑针方法：由辫子针的里山挑1根线，此方法有稳定感，不会破坏辫子针的形状。（图4-53、4-54）

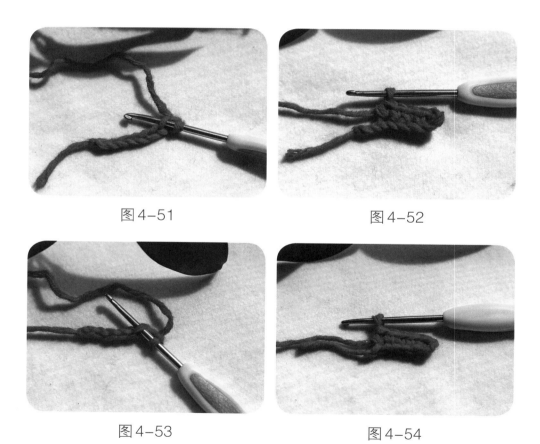

图4-51　　　　　　　　　图4-52

图4-53　　　　　　　　　图4-54

赏心悦目篇

心若香茗，静听花开。创意小物，即是盛开的"花"，你在看"花"时，心与"花"一起明媚起来。

母亲之花——康乃馨

康乃馨的花语是爱、魅力、尊敬。与玫瑰不同，康乃馨所代表的爱比较温馨、恬淡，表达的是一种亲情之爱，因此被誉为"母亲之花"。

母亲节到了，自己DIY一束红色的康乃馨。将永远盛开的花送给母亲，送给尊敬的女性长辈，或送给已为人母的自己，以表达一份温暖的祝福、深深的爱、无限的尊敬与感激。

材料与工具：红色棉线、绿色棉线、钩针（2.5 cm）、粗铁丝、细铁丝、缝针、记号扣（可有可无）。（图1、2）

图1

图2

钩编步骤

花　朵

1．用红色棉线起5针辫子针。（图1-1、1-2）

图1-1

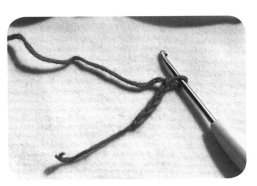

图1-2

23

2. 从第1针里钩出，钩引拔针，5针辫子针首尾相连，成为一个圈。（图2-1、2-2）

图2-1

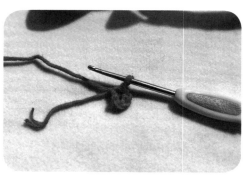

图2-2

3. 钩3针辫子针，在第3针处做记号，开始钩第一圈。（图3-1、3-2）

图3-1

图3-2

4. 在圈内钩16针长针，其中辫子针算作1针。在做记号处，钩针穿过，直接钩线，钩一个引拔针，第一个圈钩成。（图4-1、4-2、4-3）

5. 钩3针辫子针，在第3针处做记号，在每一圈连接的地方钩一针长针。（图5-1、5-2、5-3）

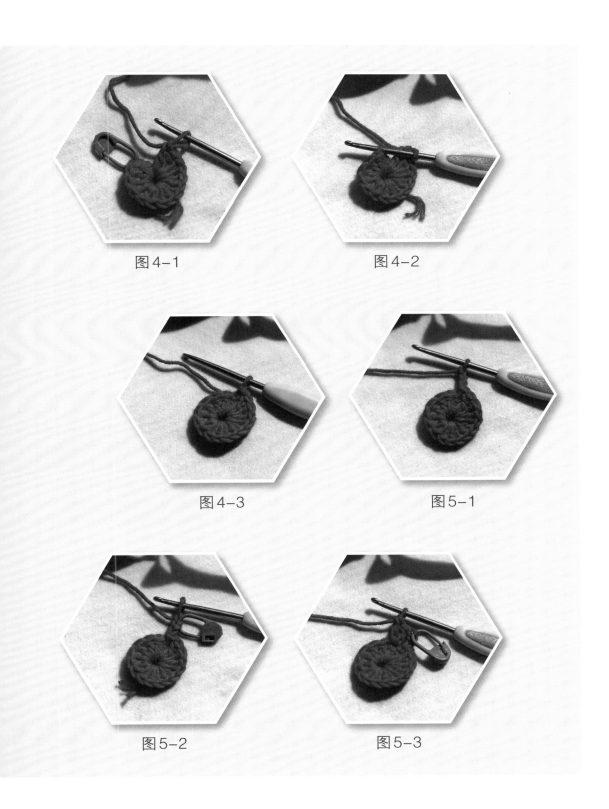

图4-1　　　　　　　　　　　　　　图4-2

图4-3　　　　　　　　　　　　　　图5-1

图5-2　　　　　　　　　　　　　　图5-3

6. 依次在每个针目里钩2针长针，钩成第二个圈，首尾相连，与第一圈的钩法相同。这一圈共有32针长针（其中包括一个辫子针）。（图6-1、6-2）

7. 钩3针辫子针，重复第5、6步，钩第三个圈。这一圈共有64针长针（其中包括一个辫子针）。（图7-1、7-2、7-3）

图6-1	图6-2
图7-1	图7-2
图7-3	

8．重复第5、6步，钩第四个圈。这一圈共128针长针（其中包括一个辫子针）。（图8-1、8-2、8-3）

9．钩3针辫子针，将钩针从下一针目钩出，钩一个短针，形成一个小花边。（图9-1、9-2、9-3）

图8-1	图8-2
图8-3	图9-1
图9-2	图9-3

10．重复第9步，钩完一圈，将线剪断，收针，花片形成。（图10-1、10-2、10-3）

11．缝针穿线，沿花片正面第3圈穿起。收紧缝针上的线，整理花片，打结，花朵就钩成了。（图11-1、11-2、11-3）

图10-1   图11-1

图10-2   图11-2

图10-3   图11-3

花　萼

12．用绿色棉线起4针辫子针，钩引拔针，首尾相连，形成一个圈。（图12-1、12-2）

13．钩一个辫子针，可以在第3针处做个记号，以便连接。依次在圈里钩6针长针，形成一个圈。（图13-1、13-2、13-3、13-4）

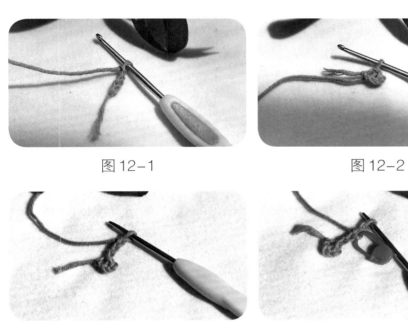

图 12-1　　　　　　　　　　图 12-2

图 13-1　　　　　　　　　　图 13-2

图 13-3　　　　　　　　　　图 13-4

14．钩一个辫子针，在上一圈连接处钩出1针长针，然后依次在每个针目里钩2针长针，形成一个圈，共14针。（图14-1、14-2、14-3、14-4）

图 14-1

图 14-2

图 14-3

图 14-4

15．钩一个短针，从上一圈连接处开始钩短针，每个针目里钩1针。重复钩5圈。（图15-1、15-2、15-3、15-4）

图15-1

图15-2

图15-3

图15-4

16．钩3针辫子针，将钩针从下一针目钩出，钩一个短针，形成一个小花边。依次钩一圈，花萼就形成了。（最后留一截线，用来缝合花朵和花萼。）（图16-1、16-2、16-3、16-4）

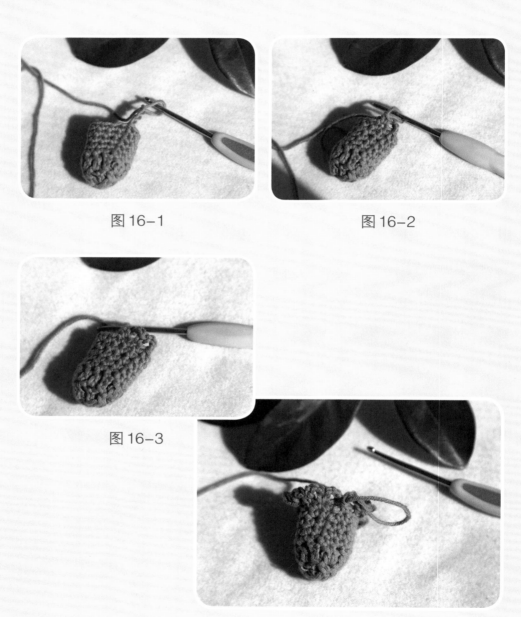

图16-1   图16-2

图16-3

图16-4

17. 将细铁丝穿过花朵，拧紧。将粗铁丝穿过花朵中间，细铁丝缠绕在粗铁丝上，固定。用绿色胶带缠绕粗铁丝。（图17-1、17-2、17-3、17-4）

图 17-1

图 17-2

图 17-3

图 17-4

组合与成品

18．将花萼穿过粗铁丝，包住花朵底部，用预留的线在花萼花边下一圈针目里缝合，一枝康乃馨就钩成了。（图18-1、18-2、18-3、18-4）

图 18-1　　　　　　　图 18-2　　　　　　　图 18-3

图 18-4

典雅杯子垫

喝茶是一个静静地享受美的过程。精致的茶具铺陈在眼前，淡淡的茶香弥漫在空气中，轻轻端起茶杯，现一方自己亲手DIY的精致杯垫，品茗、静赏……心灵就在此时温暖生香，明媚亮丽起来。

材料与工具：多色棉线、钩针。（图1、2）

图1

图2

钩编步骤

1. 钩5针辫子针，首尾相连成一个圈。（图1-1、1-2）

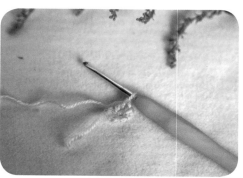

图1-1

图1-2

2．第1圈：由2针长针的枣形针与辫子针组成。6个枣形针，每2个枣形针间钩3针辫子针。

2针长针枣形针的钩法：挂线，将钩针从前往后穿过一个针目，挂线，钩出，这时钩针上有3根线，挂线，从2根线中钩出；在同一针目里重复以上步骤，这时钩针上有3根，挂线，从3根线上钩出。（图2-1、2-2）

图2-1   图2-2

3．第2圈：换线。由3针长针的枣形针与辫子针组成。在第1圈的辫子针里钩2个枣形针，中间钩2针辫子针，为一组。每组间钩3针辫子针。（图3-1、3-2、3-3、3-4）

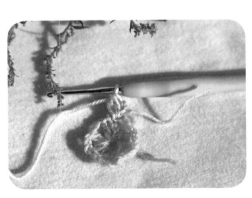

图3-1   图3-2

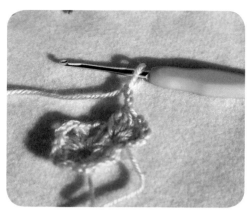
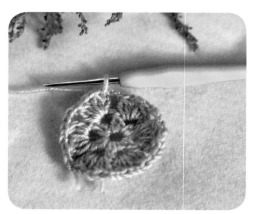

图3-3　　　　　　　　　　　　图3-4

4．第3圈：换线。在第2圈的3针辫子针里钩5针短针，在2针辫子针里钩3针短针。（图4-1、4-2）

5．第4圈：换线。由3针长针的枣形针、辫子针、短针的加针（1针变2针）组成。在同一个针目里钩一组2个长针枣形针，中间钩3针辫子针；隔3针钩一个短针的加针，依次钩3个；再隔3针钩长针的枣形针，重复钩完一圈。（图5-1、5-2、5-3、5-4）

6．第5圈。换线。由长针的加针（1针变3针）和辫子针组成。在第4圈四个角的针目里，钩2个长针的加针（1针变3针），中间钩3针辫子针，其余每个针目里钩1个长针的加针。（图6-1、6-2、6-3、6-4）

7．第6圈。换线。在第5圈4个角的针目里钩3针短针，其余每个针目里钩1针短针，杯子垫完成。（图7-1、7-2、7-3、7-4）

图4-1

图4-2

图5-1

图5-2

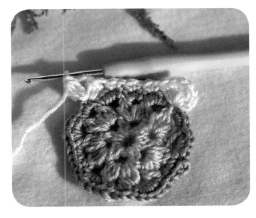

图5-3

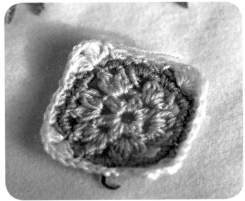

图5-4

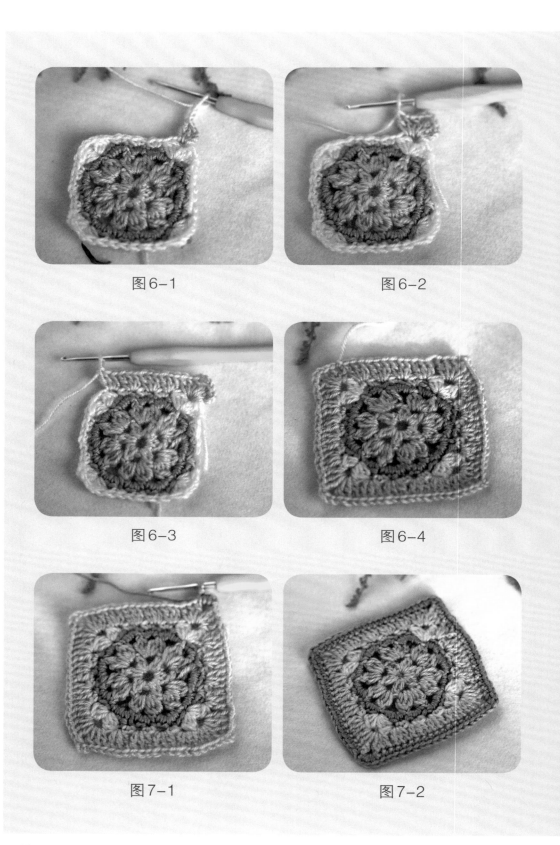

图6-1　　　　　　　　　图6-2

图6-3　　　　　　　　　图6-4

图7-1　　　　　　　　　图7-2

图7-3

图7-4

实用操作篇

生活处处有风景。寻寻觅觅，
蓦然发现，实用的创意佳品已
是你身边一道美丽的风景。

多变太阳帽

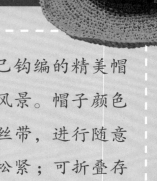

　　行走天下，赏各地美景。自己钩编的精美帽子，也将成为自然中的一道美丽风景。帽子颜色可根据个人审美选择不同颜色的丝带，进行随意搭配；帽子可根据头围大小调节松紧；可折叠存放于背包里，不变形；帽子戴在头上，非常服帖，不再出现被风吹走帽子的尴尬场景；可随意调整帽檐，戴出不同的风格——优雅风、牛仔风、随意休闲风。

材料与工具：各色彩带、钩针。（图1、2）

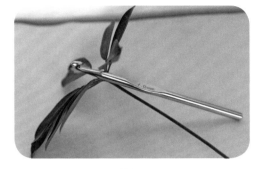

图1   图2

钩编步骤

此款帽子由短针、短针的加针、辫子针组成。

1. 将丝带打一个活结，钩5针辫子针，首尾相连成一个圈。（图1-1、1-2、1-3）

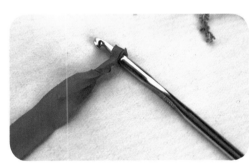

图1-1	图1-2
图1-3	

2. 从圈里钩出7针短针，引拔连接，形成第一圈。（图2-1、2-2、2-3）

3. 每个针目里钩2针，7针变成14针，形成第二圈。（图3-1、3-2）

图2-1	
图2-2	
图2-3	
图3-1	图3-2

4. 接下来依次为：1单1双钩1圈（一单即每个针目里钩1针，一双即每个针目里钩2针）。2单1双钩1圈；3单1双钩1圈；7单1双 钩2圈；8单1双 钩3圈，钩到此共10圈。（图4-1、4-2、4-3、4-4）

5. 不加不减钩4圈（即每个针目里钩1针）。此时换丝带，将玫红色与紫色丝带剪成斜角；用线将两种颜色的丝带接起来。（图5-1、5-2）

图4-1 ｜ 图4-2
图4-3
图4-4

图5-1　　　　　　　　　　图5-2

图6-1　　　　　　　　　　图6-2

图6-3　　　　　　　　　　图6-4

6．接着用紫色丝带，不加不减钩4圈；换蓝色丝带，不加不减钩3圈；帽子壳钩成。（图6-1、6-2、6-3、6-4）

7．换玫红色丝带钩8针辫子针；跨8针，连接。（图7-1、7-2）

8．不加不减钩1圈；钩过小辫后，1单1双钩1圈。（图8-1、8-2）

9．不加不减钩4圈，7单1双钩1圈，不加不减钩4圈，7单1双钩1圈，不加不减钩3圈或4圈。（图9-1、9-2、9-3、9-4、9-5）

10．将线带剪断，收针。（图10-1、10-2）

图7-1

图7-2

图8-1

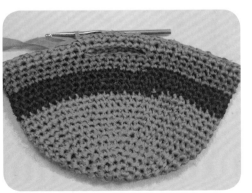

图8-2

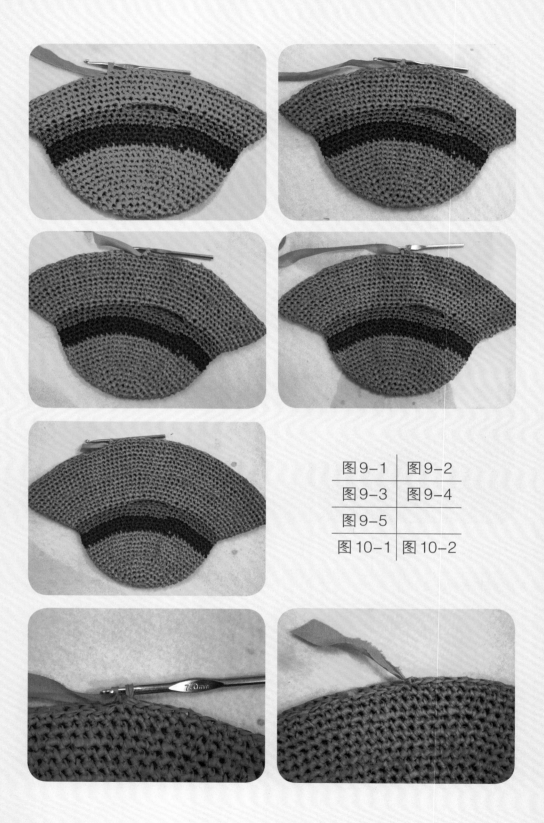

图 9-1	图 9-2
图 9-3	图 9-4
图 9-5	
图 10-1	图 10-2

11．取三色丝带，约2圈帽子壳的长度，打结，编成辫子状；沿着帽子壳最后一圈蓝色丝带的孔，将编好的三色辫子，上下穿，绕一圈，辫子首尾留在第7步所跨的8针中间，打一蝴蝶结；别上花朵，帽子完成。（图11-1、11-2）

图11-1

图11-2

12．帽子对折图，帽子四折图。（图12-1、12-2）

图12-1

图12-2

13. 帽子立体图。(图13-1、13-2)

图 13-1

图 13-2

温暖地板袜

　　家，对于我们来说，是最温暖、最自由、最放松的地方。奔波了一天，走进家门，脱掉沉沉的鞋子，换上舒适的地板袜，开始身体与心灵的放松之旅。

材料与工具：两种颜色的中粗毛线各一两、13号毛衣针、钩针。（图1、2）

图1

图2

钩编步骤

1．起42针（可根据脚的大小适当增减针数）。用绿线织平针，一个来回，然后换黄线。（图1-1、1-2）

图1-1

图1-2

2．用黄线织一个来回，换绿线。（图2-1、2-2）

图2-1

图2-2

3．黄绿线交替，织21个来回。（图3-1、3-2）

图3-1

图3-2

4．用绿线加15针（此处加针可根据脚的宽窄适当增减针数），织一行。（图4-1、4-2）

图4-1

图4-2

5．平均分配到3根针上，首尾相连，围成一个圈。（图5-1、5-2）

图5-1

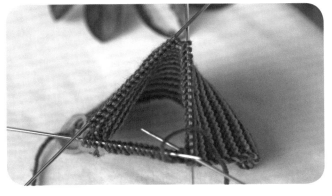

图5-2

6．加针部分（即脚面部分），一行上针，一行下针；脚底部分，两上两下，重复织36行。（图6-1、6-2）

7．织36行后，开始减针。脚面部分，两行减一次，左右各减一针；脚底部分，每行都减，左右各减一针。（图7-1、7-2）

8．减至剩15针左右时，将线剪断，穿进每针里。（图8-1、8-2）

图6-1

图6-2

图 7-1

图 7-2

图 8-1

图 8-2

9．抽紧线，翻转袜子，将线抽进袜子里，用钩针收紧。（图9-1、9-1）

10．用钩针在每个针目里钩短针，将后跟缝合。（图10-1、10-2）

图9-1

图9-2

图10-1

图10-2

11. 用绿线沿袜子口钩一圈短针，袜子就完成了。（图
11-1、11-2、11-3）

图 11-1

图 11-2

图 11-3

可爱小花鞋

春天来了，阳光暖了，风柔和了，草绿了，花红了。给小BABY穿上手工钩编的可爱小花鞋，走进大自然中。鲜艳的花，嫩绿的叶，也是那么应景。

材料与工具：牛奶棉线（可根据自己的喜好选择不同颜色的线）、扣子、钩针（3.0 mm）、记号扣、缝针。（图1、2、3）

图1

图2

图3

钩编步骤

鞋　底

鞋底分三部分：鞋跟、鞋头、中间部分。鞋跟与鞋头部为加针区，其他为不加针区。

1. 起10针辫子针，（可根据宝贝脚的大小增减针数），钩3针辫子针作为起立针，在第3针处用记号扣，以便第一圈结束时首尾相连。（图1-1、1-2）

图1-1

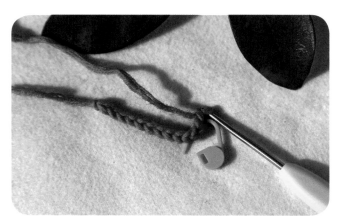

图1-2

2．第1圈：由一个辫子起立针与长针、长针的加针（1针变2针）组成，逆时针钩。

鞋跟的加针区：在第10个辫子针里钩6针长针，开始钩3针（其中包括1针辫子针），结尾钩3针。最后一针与起立针的第3个辫子针引拔连接。

中间不加针区：在第3～9个辫子针，共7针，每个针目里左右各钩1针长针。

鞋头加针区：在第2个辫子针里钩4个长针，左右各钩2个，第1个辫子针里钩5个长针。

（图2-1、2-2、2-3、2-4、2-5、2-6、2-7、2-8）

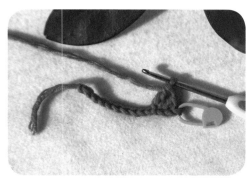

图2-1

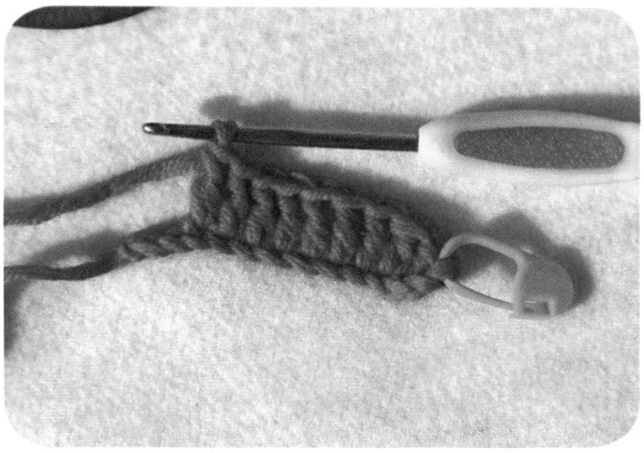

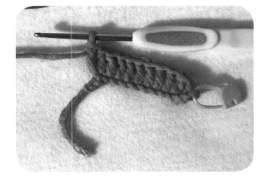

图2-3

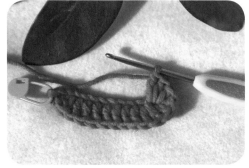

图2-2

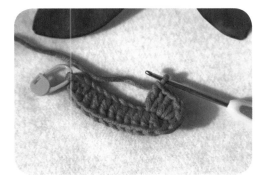

图2-5

图2-4

图2-6

图2-7　　　　　　　　　　　　图2-8

3．第2圈：由1个辫子起立针与长针组成，逆时针钩。最后1针与起立针的第3个辫子引拔连接。

鞋跟加针区：先钩1个起立针。在第1圈6针区内加针，每个针目里钩2针长针，共12针（包括1个起立针）。

鞋头加针区：由第1圈的7个长针，变为13针，中间一针不加针，其余每个针目里钩2针长针。

中间不加针区：左右对应各钩8个长针。（图3-1、3-2、3-3、3-4、3-5、3-6）

4．第3圈：由短针的起立针、短针、短针的加针、中长针、长针、长针的加针（1针变2针）组成。

鞋跟加针区：在第2圈的12针加针区，第2、4、9、11个针目里各加1针短针。

鞋头加针区：在第2圈的13针加针区，隔1针加1针长针，即1单1双钩，中间1针不加针。

中间不加区：左右对应各钩3个短针，2个中长针，3个长针。（图4-1、4-2、4-3、4-4、4-5、4-6）

图 3-1

图 3-2

图 3-3

图 3-4

图 3-5

图 3-6

图 4-1

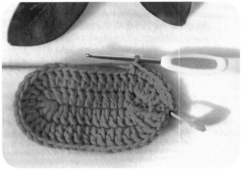

图 4-2

图 4-3

图 4-4

图 4-5

图 4-6

鞋　帮

5．第1圈：由1个长针起立针、长针、长针的减针组成。在鞋底的中间位置左右对应各减1针（2个长针并1针）。（图5-1、5-2、5-3、5-4）

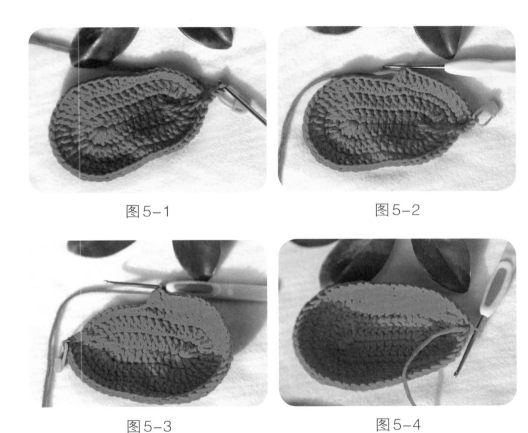

图5-1 图5-2

图5-3 图5-4

6．第2圈：由长针的起立针、长针、长针的减针（2针并1针）组成。鞋头左右对称数21针，隔1针减1针，共减7针。其余部分钩长针。（图6-1、6-2、6-3、6-4、6-5、6-6）

图 6-1

图 6-2

图 6-3

图 6-4

图 6-5

图 6-6

7. 第3圈：由短针起立针、短针、中长针、长针、长针的减针（2针并1针）组成。在第2圈的减针区，隔1针减1针，共减4针。紧邻长针减针区左右各钩2针中长针，其余钩短针。（图7–1、7–2、7–3、7–4）

图7–1

图7–2

图7–3

图7–4

8. 第4圈：由短针的起立针、短针与长针的减针（2针并1针）组成。在第3圈的减针区，依次减针，共减4针。左右相邻的减针的部位各钩2针中长针，其余钩短针。第4圈包括鞋带。（图8–1、8–2、8–3、8–4）

图8-1

图8-2

图8-3

图8-4

左脚鞋带：钩鞋帮第4圈，短针钩至鞋帮的右侧中间位置（第11圈减针对应的位置），起针钩鞋带。起16～18针辫子针，然后钩起立针（3针辫子针），往回钩中长针，隔一个针目钩一针中长针，两个中长针间钩1针辫子，钩至起针处与鞋帮连接，继续钩，完成第4圈。（图8-5、8-6、8-7、8-8）

右脚鞋带：钩鞋帮第4圈至左侧中间的位置（第1圈减针对应的位置），起16～18针辫子针，钩好鞋带（方法同左脚），然后继续钩，完成第4圈。（图8-9、8-10、8-11、8-12）

图 8-5

图 8-6

图 8-7

图 8-8

图 8-9

图 8-10

图 8-11

图 8-12

叶子与花朵

9. 叶子：起5针辫子针，按1个短针起立针、1个短针、1个中长针、3个长针、1个辫子针（3针）的顺序钩一侧。然后与起针第1针连接，再按1个辫子针（3针）、3个长针、1个中长针、1个短针顺序钩另一侧，最后与起针的最后一针连接，叶子完成。（图9-1、9-2、9-3、9-4、9-5、9-6、9-7、9-8、9-9、9-10）

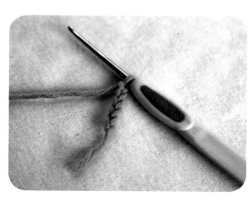

图9-1　　　　　　　　　　图9-2

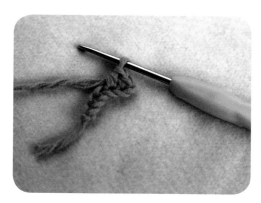

图9-3　　　　　　　　　　图9-4

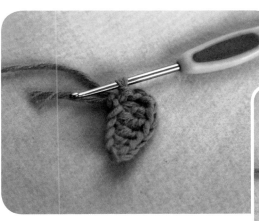

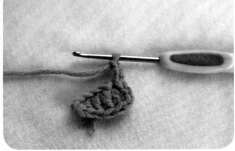

图 9-6

图 9-5

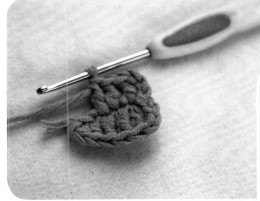

图 9-8

图 9-7

图 9-10

图 9-9

10.花朵：圆形针起针。在圈内钩10个短针，完成第1圈。第2圈按一个短针、一个锁针、一个3针长针的加针（即一个针目里钩3个长针）、一个锁针的顺序钩一圈，最后引拔连接，花朵完成。（图10-1、10-2、10-3、10-4、10-5、10-6、10-7、10-8）

图10-1

图10-2

图10-3

图10-4

图10-5

图10-6

图 10-7　　　　　　　　　　图 10-8

组合与成品

11.将钩好的叶子、花朵用缝针缝在鞋头部位，钉好扣子，可爱的小花鞋就完成了。（图11-1、11-2）

图 11-1

图 11-2

图书在版编目（CIP）数据

创意钩编 / 岳菲花编著. — 上海：中国中福会出版社，2016.7
（送给爸爸妈妈最好的礼物）
ISBN 978-7-5072-2283-8

Ⅰ.①创… Ⅱ.①岳… Ⅲ.① 钩针—编织 Ⅳ.
① TS935.521

中国版本图书馆 CIP 数据核字（2016）第 141700 号

创意钩编

总 策 划	赵丹妮
编 著	岳菲花
责任编辑	郑晓方
助理编辑	王 华
装帧设计	钦吟之

出版发行	中国中福会出版社
社 址	上海市常熟路 157 号
邮政编码	200031
电 话	021-64373790
传 真	021-64373790
经 销	全国新华书店
印 制	上海昌鑫龙印刷有限公司
开 本	787×1092 1/16
印 张	6.25
字 数	70千字
版 次	2016年8月第1版
印 次	2016年8月第1次印刷
书 号	ISBN 978-7-5072-2283-8/ T・7
定 价	28.00元